PILZE

Eßbar oder giftig?

von Alfred Birkfeld und Kurt Herschel

Text neu bearbeitet von Frieder Gröger

Mit 64 farbigen Abbildungen

A. Ziemsen Verlag · Wittenberg Lutherstadt

Die freundliche Aufnahme des kleinen Taschenbuches „Pilze – Eßbar oder giftig?“ ermutigt zur Herausgabe einer weiteren Auflage. In ihr wurden einige Veränderungen vorgenommen. Der Inhalt beschränkt sich aber weiterhin auf die Abbildung und Beschreibung der wichtigsten und bekanntesten Speisepilze. Auch die häufigsten und gefährlichsten Giftpilze sind wieder dargestellt. Einige Abbildungen wurden durch neue ersetzt. Der einführende Textteil wurde durch die Abschnitte „Wo wachsen Pilze, wann findet man sie?“ und „Zubereitung der Pilze“ ergänzt. Dem praktischen Pilzsammler soll damit eine noch bessere Hilfe beim Aufsuchen der Pilzstandorte und der Verwertung der Pilzernte gegeben werden.

Wir hoffen auch diesmal auf die Zustimmung unserer Leser und Freunde.

Die Herausgeber

Birkfeld, Alfred: Pilze: eßbar oder giftig? / von Alfred Birkfeld u. Kurt Herschel. Text neubearb. von Frieder Gröger. – 22. Aufl. – Wittenberg Lutherstadt: Ziemsen, 1988. – 72 S. : 64 Ill. (farb.) – ISBN 3-7403-0002-7

ISBN 3-7403-0002-7

22. Auflage · 1988 · © A. Ziemsen Verlag, DDR Wittenberg Lutherstadt Lizenz-Nr. 251-510/102/88 · LSV 1359 · Lichtsatz: INTERDRUCK Graphischer Großbetrieb Leipzig – III/18/97 · Druck/Einband: Sachsendruck Plauen · Printed in GDR · Bestellnummer 799 821 8

00450

Einführung

Für Pilzfreunde, die sich eingehend mit Pilzen befassen wollen, gibt es genügend und gute Bücher. In diesen werden die Stellung der Pilze im Reich der Natur, ihr Entstehen und Wachsen, ihre interessante Lebensweise, ihre biologische und wirtschaftliche Bedeutung und ihre Einteilung beschrieben und erläutert. Das alles wird im vorliegenden Taschenbüchlein für Pilzsammler ganz bewußt weggelassen. Es soll all denen Ratgeber sein, die Pilze sammeln, sich aber nicht mit der Fülle der Arten und ihren Unterschieden befassen wollen.

Für Urlauber, Wochenendausflügler und Spaziergänger ist Pilzesammeln eine interessante, abwechslungsreiche Beschäftigung. Das Umherstreifen im Wald verschafft körperliche Betätigung, mühevolles Suchen und überraschendes, freudiges Entdecken sorgen für Abwechslung. So ist das Sammeln von Pilzen für viele Menschen ein reizvoller Sport, vor allem jedoch ist es eine wohltuende Erholung und Entspannung.

Oftmals beschränken sich Pilzliebhaber nur auf sogenannte „Traditionspilze", wie Pfifferlinge, Steinpilze und Champignons, die schon von Eltern und Großeltern gesammelt wurden. Wo diese häufig vorkommen, ist eine solche Beschränkung verständlich. Sie ist auch zu empfehlen, wenn kein guter und zuverlässiger Ratgeber zur Verfügung steht.

Diese wenigen Arten wachsen aber nicht überall und zu jeder Zeit, auch sind sie gar zu oft von der jährlich zunehmenden Schar der Ausflügler weggesammelt worden. Der Korb wird dann manchmal leer bleiben, wenn man nicht auch nach anderen guten Speisepilzen Ausschau hält. Es gibt nämlich viele ausgezeichnete Speisepilze, die den oben genannten ebenbürtig sind. Es ist auch nicht schwer, diese Arten kennenzulernen und sie von ähnlichen giftigen Pilzen zu unterscheiden. Beim Erwerb solcher Kenntnisse soll unser Büchlein Anleitung und Hilfe sein.

Wie in jedem Pilzbuch ist auch hier die Artenauswahl begrenzt. Unser Band zeigt nur die besten Speisepilze und einige besonders bekannte Arten von mittlerem Wert. Daneben werden eine Reihe Giftpilze beschrieben und dargestellt. Es sind dies entweder tödlich giftige oder besonders häufige Arten. Der Benutzer des Büchleins muß sich jedoch im klaren sein, daß es außerdem noch eine ganze Anzahl gering giftiger Pilze gibt, die nicht abgebildet werden konnten.

Bestehende Unklarheiten über gesammelte Pilze sollte man nie leichtfertig beiseiteschieben. In fast allen Städten, in vielen größeren Gemeinden, vor allem aber in den Urlaubsorten gibt es Pilzberatungsstellen. Dort wird jederzeit bereitwillig Auskunft über selbstgesammelte Pilze erteilt.

Zur Beseitigung von Unklarheiten kann man aber auch ausführlichere Literatur zu Rate ziehen. Dafür ist ein kleines Literaturverzeichnis auf Seite 72 gedacht.

Ratschläge für Pilzsammler

1. Sammle nur Pilze, die du genau kennst! Laß unbekannte Pilze stehen! Zertritt sie nicht und stoße sie nicht um!
2. Sammle Pilze nur in festen Behältern! Als solche eignen sich Körbe und stabile Plastbehälter mit gitterartig durchbrochenen Wänden. In Rucksäcken, Taschen und Beuteln werden Pilze gedrückt, schwitzen und verderben sehr rasch.
3. Sammle nur junge und festfleischige Pilze! Die alten laß' stehen zum Aussporen für den Nachwuchs. Sammle auch keine durchnäßten Pilze. Sie sind wenig haltbar.
4. Drehe die Pilze leicht aus dem Boden. Verschiedene Arten lassen sich gut an den unteren Stielenden erkennen. Lediglich an Holz wachsende Pilze werden abgeschnitten.
5. Wühle beim Sammeln nicht die Laubschicht um, zerstöre die Moosdecke nicht. Du schadest dem Wald und der im Boden lebenden Pilzpflanze mehr, als du glaubst.
6. Säubere die Pilze an Ort und Stelle. Sie verschmutzen sich dann nicht gegenseitig. Kontrolliere Stielbasis und Hutmitte auf Madenbefall und entferne stark vermadete Teile.
7. Nimm in Zweifelsfällen zum Erkennen eines Pilzes ruhig Nase und Zunge zu Hilfe. Kleine Kostproben schaden nicht, wenn sie wieder ausgespuckt werden. Präge dir jedoch vor dem Kosten die gefährlichsten Giftpilze auf den Seiten 29, 30, 33, 46–48 und 69 fest ein und probiere sie nicht.

8. Laß dich keinesfalls von unbekannten Leuten beraten, die angeblich alle Pilze kennen. Ihr Rat ist meistens falsch!
9. Glaube nicht an sogenannte „Regeln“ zur Bewertung von Pilzen. Verfärbung von Schnitt- und Bruchstellen, Geruch, Geschmack, Schnecken- und Madenfraß und die Verfärbung mitgekochter Zwiebeln und silberner Löffel sind keine Beweise für Eßbar- oder Giftigkeit.

Wo wachsen Pilze, wann findet man sie?

Pilze wachsen überall und zu allen Zeiten, sogar im Winter. Aber sie sind ein launisches Völkchen, und es ist nie vorherzusehen, ob und wo man bestimmte Pilzarten antrifft. Die folgenden Angaben können daher nur einige Hinweise geben, wo das Pilzesuchen besonders erfolgreich zu werden verspricht.

Pilze sind in der Regel Bewohner der Wälder. Aber wie es in jedem Wald andere Blumen, Gräser und Moose gibt, verhält es sich auch mit den Pilzen. Gut sind die Aussichten in Kiefern-, Fichten-, Buchen- und Eichenwäldern. Im Frühsommer erscheinen die Pilze zuerst an lichten Stellen und den besser durchwärmten Waldrändern. In den Nadelwäldern liegt das Hauptwachstum in den Herbstmonaten. Für alle Wälder gilt, daß bei entsprechend günstiger Witterung September und Oktober die reichsten Pilzernten liefern.

Besonders beliebt sind bei den Pilzsammlern die Nadelwälder. Junge Bestände, insbesondere an Waldrändern und Wegen, aber auch junge Aufforstungen auf ehemaligen Äckern, zeichnen sich oft durch das Vorkommen von nur einer oder wenigen Arten aus, die dort Massenbestände bilden können. Auf Sandböden gibt es an solchen Stellen Butterpilze, Kuhpilze oder Sandpilze, auf Kalkböden Schmerlinge.

Je älter die Bestände werden, um so artenreicher wird die Pilzflora. In solchen Forsten bevorzuge man gras- und kräuterarme Bestände. Dort, wo es viele Moose und Flechten gibt, rechnet man mit einem stärkeren Pilzvorkommen. Hier gibt es die beliebten Maronen, den gesuchten Pfifferling, auch Steinpilze. In älteren Kiefernbeständen wachsen im Herbst auch Grünlinge und Schwarzfaserige Ritterlinge. In Wäldern mit starken Rohhumuslagen von

Nadeln und Blättern sucht man zweckmäßigerweise im Spätherbst. Dann wachsen dort viele Violette Ritterlinge und Graukappen.

Laubwälder weisen im Gegensatz zu Nadelwäldern eine wesentlich reichhaltigere Pilzflora auf. Anfänger finden sich dort schwer zurecht. Auch gibt es hier den gefährlichsten aller Giftpilze, den Grünen Knollenblätterpilz und eine ganze Reihe von weniger bekannten Giftpilzen.

Der Laubwaldboden ist mit seinen vielen Kräutern, Sträuchern und Gräsern abwechslungsreicher als in entsprechenden Nadelwäldern. Dadurch ist das Auffinden der Pilze hier schwieriger. Dafür bieten sie den Vorteil, daß man dort eigentlich immer etwas findet, von Dürreperioden selbstverständlich abgesehen. Sagt der einen oder anderen Pilzart die Witterung nicht zu, so erscheinen aus der Fülle der Arten einige andere.

Sehr lohnend sind in allen Wäldern Stellen mit eingesprengten Birken und Lärchen. Unter ersteren erscheinen Birkenpilze und Rotkappen, unter Lärchen wachsen, besonders an Waldrändern und Schneisen, einige gute Röhrlinge.

An Stubben sollte ein Pilzsammler nie unachtsam vorübergehen. Die mit ihren Wurzeln tief im Erdreich steckenden Stubben weisen auch in Trockenzeiten noch genügend Feuchtigkeit auf, um Pilzen das Leben zu ermöglichen. Ein weiterer Vorteil ist, daß Stubbenpilze oft in großen Büscheln wachsen. Schnell hat man dann eine reichliche Mahlzeit Stockschwämmchen oder Hallimasch beisammen. Den Standort solcher Stubben prägt man sich fest ein: Bis zur Erschöpfung der Nährstoffe kann man an einem solchen Stubben nämlich jährlich Pilze ernten.

Auch die bodenbewohnenden Wald- und Wiesenpilze sind oft sehr standorttreu. Sie sind jedoch viel stärker als die Stubbenpilze vom Witterungsverlauf abhängig, und das Pilzglück ist dem Sammler nicht jedes Mal hold, wenn er sein Revier aufsucht.

Zubereitung der Pilze

Das Sammelgut sollte bald zubereitet werden. Das gilt insbesondere für weichfleischige und durchfeuchtete Pilze. Auch wenn die Pilze erst am nächsten Tage zum Mittagbrot verzehrt werden sollen, empfiehlt sich baldiges Durchschmoren.

Ist eine sofortige Verwertung nicht möglich, müssen die Pilze in kühlen und trockenen Räumen flach ausgebreitet werden, am besten auf Holzrosten oder einer Papierunterlage.

Die Säuberung erfolgt mit einem Messer. Ist die Huthaut abziehbar, spart man mühselige Putzarbeit. Sonst ist das Abziehen der Huthaut nicht erfoderlich. In der Regel sollen Pilze nicht gewaschen werden. Sie saugen sonst beim Waschen zu viel Wasser auf. Lediglich schwer zu reinigende Arten, wie Herbsttrompete oder Krause Glucke, werden kurz abgespült. Aus den Blättern wird der Schmutz durch Hineinpusten oder durch Klopfen auf den Hut entfernt.

Verwendet wird alles am Pilz. Blätter werden grundsätzlich nicht entfernt (eine Ausnahme bilden alte Champignons), Röhren nur dann, wenn sie weich und schmierig geworden sind. Zu feste und zähe Stiele werden abgeschnitten.

Geschmort oder gebraten schmecken Pilze am besten. Einige mitgeschmorte Tomaten heben den Wohlgeschmack. Starkes Zerkleinern und gutes Kauen sind Voraussetzungen für gute Verdaulichkeit von Pilzen. Größere Pilzhüte, besonders solche vom Parasolpilz, kann man in Ei panieren und braten, ein ganz besonderer Genuß. Vom Rohverzehr muß dringend abgeraten werden, da eine ganze Reihe von Pilzen in diesem Zustand unbekömmlich oder giftig sind.

Pilzgerichte können im Kühlschrank einen Tag aufbewahrt werden. Weil eine Eiweißvergiftung durch verdorbene Pilze aber gefährlich werden kann, muß die Hausfrau dabei ebenso vorsichtig verfahren wie etwa bei Fisch oder Fleisch. Sind die einen Tag zuvor zubereiteten Pilze nicht mehr ganz einwandfrei oder riechen gar unangenehm, so müssen sie weggeworfen werden.

War die Pilzernte ungewöhnlich reich, werden die Pilze konserviert. Viele können in dünne Scheiben geschnitten und dann getrocknet werden. Bewegte Luft fördert das Trocknen ungemein. Trocknet man die Pilze in der Backröhre, so darf man nur geringe Wärme anwenden und muß für gute Entlüftung sorgen.

Alle Pilzarten können in Gläsern sterilisiert werden. Sie werden ähnlich wie Grüne Bohnen behandelt, also längere Zeit auf 100 °C erhitzt. Nach ein bis zwei Tagen wird dasselbe wiederholt.

Reizker, aber auch andere Pilze, schmecken gut, wenn sie in Essig eingelegt sind: Nach dem Abkochen werden sie – ähnlich wie Gurken – mit heißem Gewürzessig übergossen. Die Gläser sterilisiert man am besten.

Schutz vor Pilzvergiftungen

Viele Menschen verzichten auf den Genuß von Pilzen, weil sie eine Vergiftung befürchten. Tatsächlich erkranken auch alljährlich Menschen nach dem Genuß giftiger Pilze. Diese Erkrankungen können mit dem Tode enden, wenn ärztliche Hilfe nicht möglich ist oder zu spät kommt.

Ermittlungen bei Pilzvergiftungen ergeben fast immer als Ursache Unkenntnis der giftigen Arten oder Verwechslung giftiger mit ähnlich aussehenden eßbaren Arten durch ungenaue Kenntnis und Unachtsamkeit.

Pilzvergiftungen werden vermieden, wenn man sich beim Sammeln auf die Pilze beschränkt, die einem gut bekannt sind. Möchte man unbekannte Pilze essen, so muß eine Pilzberatungsstelle aufgesucht werden. Selbstverständlich kann man das nötige Wissen auch aus Büchern erwerben. Jedoch hüte man sich davor, nur nach dem Bild zu urteilen. Die Beschreibung muß Wort für Wort mit dem Pilz verglichen werden. Da sich viele Pilze sehr ähnlich sind, muß diese Aufforderung unbedingt wörtlich genommen werden! Jede Abweichung muß zu Zweifeln Anlaß geben und Grund dafür sein, auf den Verzehr dieses Pilzes zu verzichten.

Außerdem ist es notwendig, sich das Aussehen und die wichtigsten Merkmale der tödlich giftigen Pilze (S. 29, 30, 33, 46, 48 und 69) unbedingt fest einzuprägen und öfter zu wiederholen. Wie leicht findet man die wenigen Minuten, die dazu erforderlich sind, und welches Leid könnte bei Einhaltung dieser kleinen Mühe vermieden werden!

Leichte Pilzvergiftungen äußern sich oft bald nach dem Genuß, die lebensgefährlichen Knollenblätterpilzvergiftungen jedoch erst nach Stunden. Schnellste ärztliche Hilfe ist in jedem Falle erforderlich. Vor Eintreffen des Arztes ist umgehend Erbrechen durch mechanischen Reiz oder durch Trinken von viel warmer Kochsalzlösung (1 Eßlöffel Salz auf ein Glas Wasser) herbeizuführen. Danach sollte man medizinische Kohle einnehmen und reichlich lauwarmes Wasser nachtrinken.

Neben den echten Pilzvergiftungen kommen auch Erkrankungen durch zu alte oder verdorbene Pilze vor. Deshalb Vorsicht vor zu alten, stark durchwässerten oder gar gefrorenen Pilzen!

Hinweise für die Benutzung des Taschenbuches

1. Die Pilzarten wurden nicht numeriert. Alle Zahlenangaben beziehen sich daher auf die Seite, wo der Pilz abgebildet und beschrieben ist.
2. Die Reihenfolge entspricht praktischen Gesichtspunkten. So stehen zu Beginn die beliebten Röhrlinge, es folgen die Champignons und dann die übrigen Blätterpilze. Den Schluß bilden Vertreter verschiedener Pilzgruppen.
3. Giftpilze wurden bei den Speisepilzen eingereiht, mit denen sie leicht verwechselt werden können. Beachtung verdienen aber auch Verwechslungshinweise, die am Ende der Kurzbeschreibungen gegeben werden.
4. Die botanischen Namen entsprechen dem Werk „Pilzwanderungen", 18. Auflage (1978) von F. Engel.
5. Die Beschreibungen der einzelnen Arten wurden bewußt kurz und stichwortartig gehalten. Sie beschränken sich auf das Wesentlichste.
6. Die Angaben über Geruch und Geschmack beziehen sich auf rohe, frische Pilze. In Zweifelsfällen sind kleinste Geschmacksproben, die wieder ausgespuckt werden müssen, nur guten Kennern aller Giftpilze zu raten.
7. Der Wert der Arten wird durch Zeichen veranschaulicht. Es bedeuten: *** = sehr guter Speisepilz, ** = guter Speisepilz, * = eßbar, aber von geringem Wert. ††† = stark giftig, oft tödlich, †† = giftig, † = leicht giftig.
8. Die römischen Zahlen bei den Erscheinungszeiten bedeuten die Monate des Auftretens.
9. Mit Hilfe des Kalenders über die Hauptwachstumszeit eßbarer Pilzarten kann sehr schnell ermittelt werden, welche Speisepilze in einer bestimmten Jahreszeit zu erwarten sind. Die Zeichen in

den Monatsspalten bedeuten: + = vereinzeltes Vorkommen, ++ = etwas häufigeres Vorkommen, +++ = Hauptwachstumszeit. Alle Angaben entsprechen der Regel bei normalen Witterungsverhältnissen. Abweichungen sind durchaus möglich.

10. Das Register wurde so aufgebaut, daß Arten wie der „Ziegelrote Rißpilz“ sowohl bei „R“ als auch bei „Z“ aufgefunden werden können.

Pilzkalender der eßbaren Arten

Pilzart	III	IV	V	VI	VII	VIII	IX	X	XI	XII
14 Steinpilz	—	—	+	+	++	++	+++	+++	+	—
16 u. 17 Netz- u. Flockenstieliger Hexenpilz	—	—	—	+	++	++	+++	++	—	—
18 u. 19 Birkenpilz, Rotkappe	—	—	—	+	+	+++	+++	+++	+	—
20 Marone	—	—	—	—	+	++	+++	+++	+	—
21 Butterpilz	—	—	—	—	—	+	+++	+++	++	—
21 u. 22 Schmerling, Goldröhrling	—	—	—	+	+	++	+++	++	—	—
23 u. 24 Sandpilz, Kuhpilz	—	—	—	—	+	++	+++	+++	+	—
25 Wiesenchampignon	—	—	+	+	+	++	+++	+++	++	—
26 Waldchampignon	—	—	—	+	++	+++	+++	+++	+	—
27 Gartenchampignon	—	—	+	++	++	+	+++	++	+	—
28 Anischampignon	—	—	+	++	++	++	+++	+++	+	—
31 u. 32 Perlpilz, Grauer Wulstling	—	—	—	++	+++	+++	+++	+++	+	—
34 Scheidenstreifling	—	—	—	++	++	+++	+++	+++	—	—
35 Riesenschirmling	—	—	—	+	+	++	+++	+++	+	—
36 Maipilz	—	+	+++	++	—	—	—	—	—	—
37 Grünling	—	—	—	—	—	—	+	+++	+++	+
38 Erdritterling	—	—	—	—	—	+	+++	+++	+++	—
39 Grauer Ritterling	—	—	—	—	—	—	+	+++	+++	+
40 u. 41 Violetter Ritterling, Lilastiel	—	—	—	–	—	—	++	+++	+++	+

Pilzkalender der eßbaren Arten

Pilzart	III	IV	V	VI	VII	VIII	IX	X	XI	XII
42 Graukappe	—	—	—	—	—	—	++	+++	+++	—
43 u. 44 Brotpilz, Reifpilz	—	—	—	+	++	++	+++	+++	+	—
45 Geschmückter Gürtelfuß	—	—	—	—	+	++	+++	++	+	—
49 Nelkenschwindling	—	—	+	+++	++	++	+++	+++	+	—
50 Grüngefelderter Täubling	—	—	—	—	++	++	+++	++	—	—
50 Frauentäubling	—	—	—	++	+++	++	+++	++	—	—
51 Ockertäubling	—	—	—	—	+	++	+++	+++	++	—
51 Speisetäubling	—	—	—	++	+++	++	+++	+++	—	—
52 Edel- und Blutreizker	—	—	—	—	+	+	+++	+++	+	—
53 Brätling	—	—	—	—	++	++	+++	+	—	—
54 Bruchreizker	—	—	—	+	++	++	+++	++	—	—
55 Hallimasch	—	—	—	—	+	+	++	+++	++	—
56 Stockschwämmchen	—	++	++	++	++	++	+++	+++	++	—
57 Rauchblättriger Schwefelkopf	++	++	+	—	—	—	++	+++	+++	++
58 Schopftintling	—	+	+++	+++	++	++	+++	+++	+	—
59 Pfifferling	—	—	—	++	+++	+++	+++	+++	+	—
60 Herbsttrompete	—	—				++	+++	+++	++	—
61 Leberpilz	—	—	—	—	+	++	+++	+++	+	—
62 u. 63 Semmelporling, Schafeuter	—	—	—	—	++	++	+++	+++	—	—
64 Semmelstoppelpilz	—	—	—	—	+	++	+++	+++	++	—
65 Habichtspilz	—	—	—	—	—	++	++	+++	++	—

Pilzkalender der eßbaren Arten

Pilzart	III	IV	V	VI	VII	VIII	IX	X	XI	XII
66 Flaschenstäubling	—	—	—	—	++	+++	+++	+++	+	—
67 Erbsenstreuling	—	—	++	++	+++	++	++	—	—	—
68 Speisemorchel	—	+	+++	—	—	—	—	—	—	—
Spitzmorchel	+	+++	+	—	—	—	—	—	—	—
70 Krause Glucke	—	—	—	—	+	++	+++	+++	+	—

Pilzkalender der giftigen Arten

Pilzart	III	IV	V	VI	VII	VIII	IX	X	XI	XII
15 Gallenröhrling	—	—	—	—	++	+++	+++	+++	—	—
29 Knollenblätterpilze	—	—	—	—	++	+++	+++	++	—	—
30 Fliegenpilze	—	—	—	—	+	++	+++	+++	+	—
33 Pantherpilz	—	—	—	—	++	+++	+++	+	—	—
46 Ziegelroter Rißpilz	—	—	+	+++	++	—	—	—	—	—
46 Seidiger Rißpilz	—	—	—	+	+	+++	+++	+++	+	—
47 Kahler Krempling	—	—	—	++	++	++	+++	+++	+	—
48 Feldtrichterling	—	—	—	—	—	—	++	+++	++	—
48 Bleiweißer Trichterling	—	—	—	—	—	—	++	+++	++	—
69 Frühlingslorchel	++	+++	++	—	—	—	—	—	—	—

Steinpilz (*Boletus edulis*)

(V) VII bis X, in Kiefern-, Fichten-, Eichen- und Buchenwäldern, häufig. **Hut** bis 15 (20) cm, dick, hell- bis dunkelbraun, unter Nadelbäumen rotbraun, runzlig. **Stiel** 8–15 cm lang, 3–5 cm dick, keulig, oben fein genetzt. **Röhren** jung weißlich, später gelblich, alt olivgrün. **Fleisch** jung kernig-fest, hell bleibend. **Geschmack** nußartig-gut. **Wert:** Geschätzter Speisepilz. **Verwechslung:** Der Gallenröhrling (15) hat **rosa Röhren** und **braunes Stielnetz.**

Gallenröhrling, Bitterpilz (*Tylopilus felleus*)

VII bis X, besonders in Nadelwäldern auf sauren Böden, häufig. **Hut** 6–12 cm, dickfleischig, hell- bis mittelbraun, trocken. **Stiel** bis 10 cm lang, keulig, hellbraun, mit grobem, dunklem Netz. **Röhren** jung weiß, später graurosa, im Alter nach unten gewölbt. **Poren** weit. **Fleisch** weiß und fest. **Geschmack** gallebitter. **Wert:** Ungenießbar. **Verwechslung:** Der Steinpilz (14) hat **gelbgrüne Röhren** und **helles Stielnetz.** Am sichersten ist die Geschmacksprobe!

*

Netzstieliger Hexenpilz (*Boletus luridus*)

VI bis X, in Laub-, seltener Nadelwäldern, meist auf Kalk- und Tonböden, zerstreut. **Hut** 8–15 (20) cm, dick, olivbraun, schmutzigbraun, feinfilzig, trocken. **Stiel** 5–12 cm lang, 2–3 cm dick, walzig bis keulig, gelblich, unten purpurrot, genetzt. **Röhren** gelbgrün. Poren jung orangerot, später trübrot. Fleisch blaßgelb, blau anlaufend. **Wert:** Roh giftig. **Verwechslung:** Der giftige Satanspilz hat **grauen Hut** und ist viel **dickfleischiger.**

Flockenstieliger Hexenpilz (*Boletus miniatoporus*)

VI bis X, in Laub- und Nadelwäldern auf sauren Böden, verbreitet. **Hut** 10–15 (20) cm, dick, dunkelbraun, feinsamtig, trocken. **Stiel** 8–12 cm lang, keulig, rötlichgelb mit roten Schüppchen. **Röhren** mit feinen roten Poren, bei Druck blauend. **Fleisch** fest, gelb, an Bruchstellen sofort blau anlaufend. **Geschmack** mild. **Wert:** Guter Speisepilz, aber gründlich erhitzen, da roh unbekömmlich. **Verwechslung:** Der Satanspilz ist **grauhütig,** der Schönfußröhrling **bitter.**

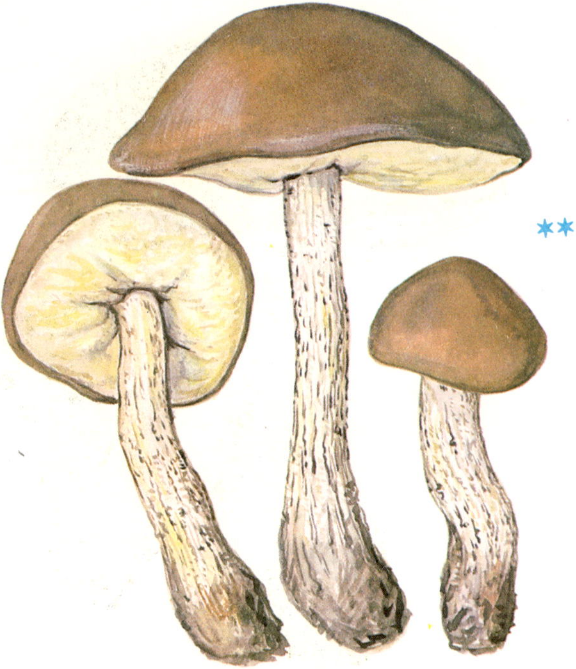

Birkenpilz, Kapuziner (*Leccinum scabrum*)

VI bis X, unter Birken, seltener bei Hainbuchen, häufig. **Hut** 6–12 cm, nuß-, graubraun, alt klebrig. **Stiel** 10–15 cm lang, ziemlich dünn, mit dunklen Faserschüppchen, fest. **Röhren** jung weißlich, bald grau, schwammig-weich, sehr lang. **Fleisch** bald weich und schwammig, weiß oder grauend. **Geschmack** mild. **Wert:** Guter Speisepilz, aber nur jung verwertbar. **Verwechslung:** Kaum möglich, man achte auf Standort und Stielschuppen.

✱✱

Rotkappe (*Leccinum aurantiacum*)

VI bis X, vor allem unter Birken und Espen, zerstreut. **Hut** 8 bis 15 (20) cm, dick, gelblich- bis orangerot, trocken-matt, jung mit Hutsaum. **Stiel** 10–20 cm lang, kräftig, fest, rauh mit schwärzlichen oder rötlichen Schüppchen. **Röhren** grau oder weißlich. **Poren** fein. Fleisch fest, weißlich, langsam anlaufend und beim Kochen dunkler verfärbend. **Geschmack** mild. **Wert:** Gesuchter Speisepilz. **Verwechslung:** Kaum möglich, man beachte Hutfarbe und Stielschuppen.

***

Marone, Braunhäubchen (*Xerocomus badius*)

VII bis X, in älteren Kiefern- und Fichtenwäldern, sehr häufig. **Hut** bis 12 cm, ziemlich dick, kastanienbraun, jung feinsamtig, später glatt, kahl. **Stiel** 6–10 cm lang, bis 2 cm dick, gelbbraun, fein gestreift. **Röhren** hellgelb, später gelbgrün, bei Druck blaugrün. **Poren** mittelweit. **Fleisch** blaßgelb, jung fest, blau verfärbend. **Geschmack** mild. **Wert:** Bekannt und beliebt. **Verwechslung:** Es gibt keine ähnliche giftige Art. Typisch ist das **Blauen der Röhren bei Druck.**

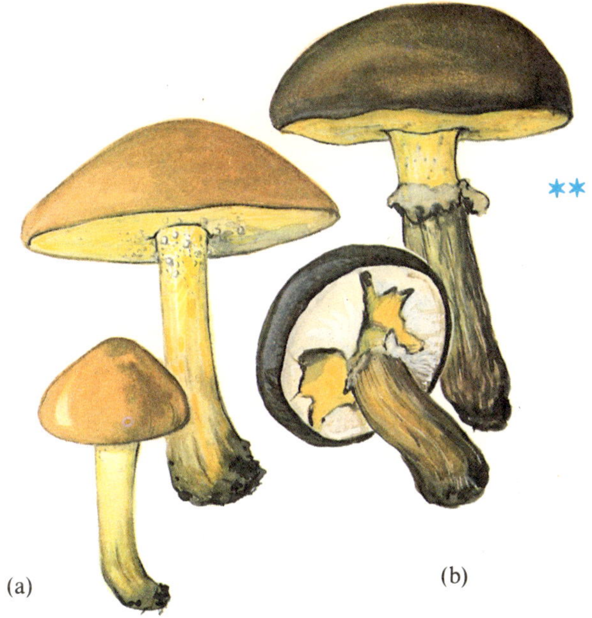

(a) **Schmerling,** Körnchenröhrling (*Suillus granulatus*)
VI bis X, unter Kiefern, auf Kalk; Massenpilz. **Hut** 6–10 cm, gelbbraun bis goldbraun, dunkelbraun (Abart!), Oberhaut schleimig-abziehbar, später trocken-glänzend. **Stiel** hellgelb, oben jung mit Tröpfchen, alt mit Pünktchen. **Röhren** hellgelb, später olivgelb. **Poren** fein. **Fleisch** weich, hellgelb. **Geschmack** mild. **Verwechslung:** Es gibt keine ähnlichen Giftpilze.

(b) **Butterpilz,** Schälpilz (*Suillus luteus*)
VIII bis XI, in Kiefernwäldern, auf sauren Böden; Massenpilz. **Hut** 5–10 cm, schokoladenbraun mit schleimiger, abziehbarer Oberhaut, alt trocken-glänzend. **Stiel** oben gelb, unten braun, mit dünnhäutigem Ring. **Röhren** zuerst von weißer Haut bedeckt, hellgelb, später oliv. Fleisch weich, blaßgelb. **Geschmack** mild-säuerlich, saftig, **Verwechslung:** Man beachte abziehbare Huthaut und Ring.
Wert beider Arten: Zartfleischig, vertragen keinen Druck.

**

Goldröhrling (*Suillus grevillei*)

VI bis X, nur unter Lärchen, besonders an Waldrändern und Schneisen, gesellig. **Hut** 5–10 cm, orangebraun, goldgelb, gelb, mit schleimiger, abziehbarer Oberhaut, später trocken-glänzend. **Stiel** 5–8 cm lang, dünn, goldgelb, mit weißlichem, häutigem Ring. **Röhren** gelb, eng, später bräunlich. **Fleisch** sehr weich, gelblich. **Geschmack** gut. **Wert:** Beliebt, zartfleischig. **Verwechslung:** Ähnlich ist der Schmerling (21a), dieser jedoch ohne Ring!

Sandpilz (*Suillus variegatus*)

VIII bis X, bei Kiefern, auf Sandböden, Massenpilz. **Hut** 6–10 cm, ziemlich dick, sand- bis semmelfarben, jung filzig, später glatt, feucht schmierig. **Stiel** 5–8 cm lang, ockerfarben, glatt. **Röhren** jung graubräunlich, später grünlich-braun. **Poren** fein. **Fleisch** wenig fest, gelblich, verfärbt sich blaßbläulich. **Geruch** und **Geschmack** säuerlich. **Wert:** Geschmacklich mittelmäßig, aber als Massenpilz ergiebig. **Verwechslung:** Es gibt keinen ähnlichen Giftpilz.

Kuhpilz, Kuhröhrling (*Suillus bovinus*)

VIII bis X, in sandigen Kiefernwäldern, massenhaft. **Hut** 4–8 (12) cm, dünn, rötlich- bis bräunlichgelb, wellig-verbogen, feucht schmierig, trocken mattglänzend. **Stiel** gleichfarbig, kurz, dünn, mitunter mehrere verwachsen. **Röhren** graugelb bis graubraun, am Stiel herablaufend. **Poren** später weit und eckig, dunkel graubraun. **Fleisch** gelb, weichlich, älter gummiartig-biegsam. **Geschmack** fade. **Wert:** Nicht besonders wohlschmeckend. **Verwechslung:** Der scharfe Pfefferröhrling ist kleiner und hat rotbraune Poren!

***

Wiesenchampignon (*Agaricus campester*)

(V) VII bis XI, in Hexenringen auf fetten Weiden, Wiesen, an Wegrändern, auf Kleeäckern, oft massenhaft. **Hut** 6–12 cm, ziemlich dick, weiß, mit wollig-faseriger Oberhaut. **Stiel** kurz, 4–6 cm lang, kräftig, weißlich, basal verschmälert, mit schmalem Ring. **Blätter** jung fleischrosa, alt schokoladenbraun bis violettschwarz, eng, weich. **Fleisch** weiß, leicht rötend, fest. **Geruch** angenehm. **Geschmack** gut, würzig. **Wert:** Vielerorts wichtigster Speisepilz. **Verwechslung:** Bei Beachtung der Lamellenfarben kaum möglich, siehe auch S. 28!

Waldchampignon (*Agaricus silvaticus*)

VII bis X, in Fichtenforsten, gern auf Kalk, sehr gesellig. **Hut** 4–8 cm, zimtbraun, kurzfaserig, zartschuppig. **Stiel** 4–8 cm lang, tief in der Nadelstreu sitzend, dünn, mit abstehendem Ring, an der Basis abgerundet-knollig. **Blätter** graurosa, zuletzt schokoladenbraun. **Fleisch** weiß, rot anlaufend. **Geschmack** mild. **Wert:** Guter Speisepilz. **Verwechslung:** Alle braunhütigen, rotanlaufenden Champignons sind gute Speisepilze. Die meisten Arten sind kräftiger, aber seltener als die abgebildete.

***

Gartenchampignon (*Agaricus hortensis*)

V bis XI, in Gärten, bei Komposthaufen, zerstreut. **Hut** 5–8 cm, dick, braun, mit angedrückten Schuppen. **Stiel** kurz, weißlich, mit schmalem Ring. **Blätter** fleischrot, alt schokoladenfarben bis violett-schwarz, eng. **Fleisch** weiß, kaum verfärbend. **Geruch** angenehm. **Geschmack** würzig. **Wert:** Guter Speisepilz. **Verwechslung:** Man beachte die Lamellenfarben und den Ring!

***

Anischampignon (*Agaricus arvensis*)

VI bis X, auf Wiesen, in Laub- und Nadelwäldern, häufig. **Hut** 8–12 (15) cm, weißlich, später gilbend. **Stiel** 8–15 cm lang, zylindrisch mit verdickter oder knolliger Basis, weiß, später gilbend, mit häutigem, unterseits flockigem Ring. **Blätter** jung hell, graurosa, später schokoladenbraun bis purpurschwarz. **Fleisch** weißlich, fest. **Geruch** anisartig. **Geschmack** nußartig-würzig. **Wert:** Ausgezeichneter Speisepilz. **Verwechslung:** Giftchampignons mit chromgelber Verfärbung an der Stielbasis und „Apothekengeruch“ meiden! Weiße Knollenblätterpilze (29) haben weiße Lamellen und eine lappige Scheide an der Stielbasis.

†††

Grüner Knollenblätterpilz (*Amanita phalloides*)
VII bis X, in Laubwäldern, besonders unter Eichen, zerstreut. **Hut** bis 12 cm, hell- bis dunkelolivgrün, auch gelbgrün, matt glänzend, mit eingewachsenen Fasern. Jung eiförmig, weiß; später platzt die weiße Eihülle, der Pilz streckt sich; am knolligen Stielgrund bleibt die Hülle als weichlappige Scheide zurück. **Stiel** bis 12 cm lang, schlank, weiß, grün genattert, mit hängender Manschette. **Blätter** bleibend weiß, weich. **Fleisch** weiß. **Geruch** jung gut, später unangenehm süßlich.

Die **weiße Form** ist reinweiß, kleiner und dünnfleischiger. Der Kegelhütige Knollenblätterpilz ist ebenfalls weiß mit kegeligem bis glockigem Hut. **Gefährlichste Giftpilze!** Ähnliche Speisepilze auf S. 25, 28, 37, 50a und 66 (jung!).

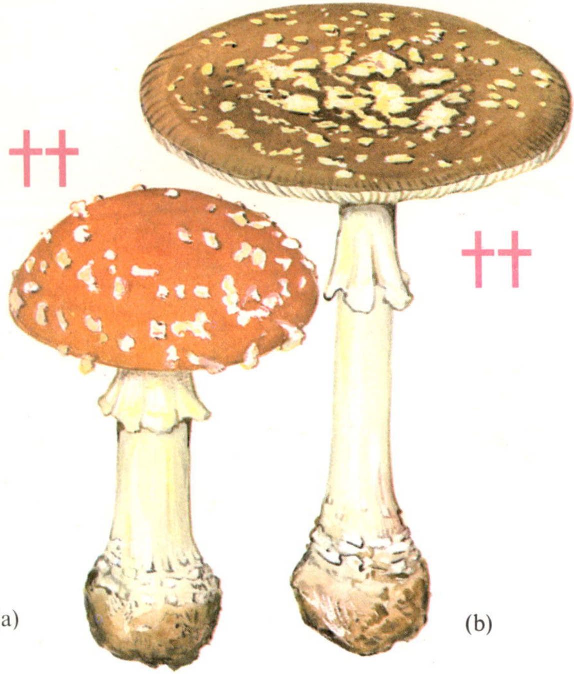

(a) (b)

(a) **Fliegenpilz** (*Amanita muscaria*)
VIII bis X, in Laub- und Nadelwäldern, gern unter Birken, häufig. **Hut** bis 20 cm, scharlach bis orangegelb, mit weißen, nach Regen abgewaschenen Flocken. **Stiel** bis 20 cm lang, weiß, gelblich, mit warzig gegürtelter Knolle. **Manschette** ungerieft. **Blätter** weiß, weich, engstehend. **Fleisch** unter der Huthaut leuchtend gelb. **Bekanntester Giftpilz!**

(b) **Brauner Fliegenpilz** (*Amanita regalis*)
Bergfichtenwald. **Hut** bis 15 cm, umbrabraun. **Fleisch** unter der Huthaut braungelb. Giftig! **Verwechslung:** Perlpilz (31) und Grauer Wulstling (32) haben **geriefte Manschette** und **kein braungelbes Fleisch unter der Huthaut.**

Perlpilz (*Amanita rubescens*)

VI bis X, in Laub- und Nadelwäldern, sehr häufig. **Hut** 6–12 (18) cm, blaß-rot, rötlichbraun, mit graurötlichen Flöckchen, nach Regenwetter ohne diese. **Stiel** 12–15 cm lang, kräftig, weißrötlich, mit weißer, hängender, geriefter Manschette und dicker, rotbrauner Knolle. **Blätter** weiß, weich, engstehend. **Fleisch** weiß, weichzart. **Geschmack** zart-süßlich, etwas kratzend. **Wert:** Guter Speisepilz, **nicht roh essen! Verwechslung:** Vergleiche Pantherpilz (33); **beachte rotbraune Madenfraßgänge!**

Grauer oder Gedrungener Wulstling (*Amanita spissa*)

VI bis X, in Nadel- und Laubwäldern, häufig. **Hut** 6–10 cm, grau, graubraun, grauweißlich, mit dichtstehenden, grauweißen Flöckchen. **Stiel** 8–15 cm lang, kräftig, mit dicker, nicht scharf abgesetzter Knolle. **Manschette** dicht gerieft. **Blätter** weiß, weich. **Fleisch** weißlich, weich. **Geruch** dumpf. **Geschmack:** rettichartig, kratzend. **Wert:** eßbar, wegen großer Verwechslungsgefahr aber lieber meiden. **Verwechslung:** Der giftige Pantherpilz (33) hat **abgesetzte** Knolle und **ungeriefte Manschette**!

+++

Pantherpilz (*Amanita pantherina*)

VII bis X, in Nadel- und Laubwäldern, sehr zerstreut. **Hut** bis 10 cm breit, gelbbraun bis graubraun, mit weißen Flöckchen, Rand gerieft. **Stiel** 6–10 cm lang, mit zarter, ungeriefter Manschette. **Knolle** deutlich gerandet-abgesetzt. **Blätter** weiß, weich. **Fleisch** zart. **Geruch** leicht rettichartig. **Geschmack** mild. **Sehr giftig! Verwechslung:** Grauer Wulstling (32) und Perlpilz (31) haben **andere Knolle und geriefte Manschette,** letzterer zeigt auch rötliche Färbungen!

Scheidenstreifling (*Amanita vaginata*)

VI bis X, in Nadel- und Laubwäldern, häufig. **Hut** 6–12 cm, dünnfleischig, grau oder rotbraun, auch mit anderen Farben, glatt, am Rande gerieft. **Stiel** 8–15 cm lang, schlank, hohl, glatt oder genattert, am Grunde mit großer, häutiger Scheide, die den Pilz jung einhüllt. **Blätter** weiß, weich, engstehend. **Fleisch** weiß, zart. **Geschmack** süßlich. **Wert:** Eßbar, wenig ergiebig. **Verwechslung:** Man beachte die große Scheide und das Fehlen eines Ringes!

***

Riesenschirmpilz, Parasol (*Macrolepiota procera*)

VII bis X, in lichten, grasigen Wäldern, auf Waldwiesen, häufig. **Hut** jung eiförmig, später ausgebreitet, 12–25 cm, weißlich mit dunklen groben Schuppen. **Stiel** 15–30 cm lang, genattert, hohl, mit verschiebbarem Ring, unten keulig-knollig. **Blätter** weißlich, später blaßbraun, eng, weich. **Fleisch** weiß, zart, im Stiel zäh-faserig. **Geruch** angenehm. **Geschmack** nußartig. **Wert:** Erstklassiger Speisepilz! Hüte panieren und braten. **Verwechslung:** Der rot anlaufende Safranschirmpilz kann ebenso verwendet werden.

Maipilz (*Calocybe gambosa*)

V bis Mitte VI, in lichten Wäldern, auf Triften, besonders auf Kalk; bildet Hexenringe, stellenweise häufig. **Hut** 5–12 cm, elfenbeinweiß bis ockerlich, trocken. **Stiel** 4–8 cm, dem Hut gleichfarbig. **Blätter** weißlich, engstehend, ausgebuchtet angewachsen. **Fleisch** weißlich. **Geruch** intensiv, wie Gurken. **Geschmack** mehlartig. **Wert:** beliebter Speisepilz. **Verwechslung:** Die sehr giftigen Ziegelroten Rißpilze (46a) haben **anderen Geruch** und alt einen **rötenden Hut.**

Grünling (*Tricholoma flavovirens* = *Tr. equestre*)

X bis XI, vor allem in sandigen Kiefernwäldern, häufig. **Hut** 5–10 cm, gelb- bis olivbraun, klebrig. **Stiel** 4–7 cm lang, oft tief im Boden steckend, zylindrisch, gelb. **Blätter** blaß- bis schwefelgelb, eng, am Stiel ausgebuchtet angewachsen. **Fleisch** hellgelb, fest. **Geruch** schwach mehlartig. **Geschmack** kernig-gut. **Wert:** Sehr guter Speisepilz. **Verwechslung:** Der leicht giftige Schwefelritterling **stinkt stark leuchtgasartig** und hat dunkelgelbes Fleisch.

Erdritterling (*Tricholoma terreum*)

IX bis XI, bei Kiefern, häufig. **Hut** 4–8 cm, dünn, graubraun bis fast schwarz, feinfilzig, trocken. **Stiel** schlank, weißlich bis weißgrau. **Blätter** grau, dann weißlich, entfernt, ausgebuchtet angewachsen. **Fleisch** weißgrau. **Geruch** etwas erdig. **Geschmack** angenehm. **Wert:** Eßbarer Massenpilz. **Verwechslung:** Gelb verfärbende Erdritterlinge riechen mehlartig und sind ebenfalls eßbar. Der giftige Tigerritterling ist **größer,** hat derbe **Hutschuppen,** wächst im Laubwald und ist selten.

Grauer Ritterling (*Tricholoma portentosum*)

X bis Anfang XII, in sandigen Kiefernwäldern, zerstreut. **Hut** 4–12 cm, dünn, hell- bis violettgrau, mit eingewachsenen dunkleren Fasern, jung klebrig, trocken glänzend. **Stiel** 5–10 cm lang, weißlich oder gelblich. **Blätter** weiß mit gelblichen Tönen, ausgebuchtet angewachsen. **Fleisch** weißlich. **Geruch** leicht mehlartig. **Geschmack** mild-mehlartig. **Wert:** Guter Speisepilz. **Verwechslung:** Der Erdritterling (38) ist ebenfalls eßbar, der Brennende Ritterling hat schwarzen Lamellenrand und **scharfen Geschmack.**

**

Violetter Ritterling (*Lepista nuda*)

IX bis XI, in humusreichen Laub- und Nadelwäldern, in Parkanlagen, oft in Kreisen, häufig. **Hut** 6–12 cm, jung violett, älter violettbraun, kahl und glatt. **Stiel** 5–10 cm lang, wie der Hut gefärbt. **Blätter** leuchtend violett, später bräunlichlila, ziemlich eng. **Fleisch** violett, später ausblassend. **Geruch** stark, parfümartig. **Geschmack** gut, aromatisch. **Wert:** Guter Speisepilz. **Verwechslung:** junge, leuchtend violette Exemplare sind nicht zu verwechseln.

**

Lilastiel (*Lepista personata*)

X bis XI, in großen Hexenringen auf fetten Weiden und Wiesen, häufig. **Hut** 8–15 (20) cm, dick, falb graubraun. **Stiel** kurz und dick, jung leuchtend violett, später verblassend. **Blätter** weißgrau, rosagrau. **Fleisch** weißlich. **Geruch** angenehm. **Geschmack** mild. **Wert:** Guter Speisepilz, aber abbrühen! Wächst noch sehr spät und verträgt leichte Fröste. **Verwechslung:** Kaum möglich.

*

Graukappe, Nebelgrauer Trichterling (*Clitocybe nebularis*)

IX bis XI, in Laub- und Nadelwäldern, auf dicken Humuslagen, sehr häufig. **Hut** 6–15 cm, dick, weißlichgrau, bräunlichgrau, matt, oft weißfilzig. **Stiel** 6–10 cm lang, dick, hellgrau, unten keulig. **Blätter** hell gelbgrau, engstehend, wenig am Stiel herablaufend. **Fleisch** weiß. **Geruch** süßlich aromatisch. **Wert:** Mischpilz, nicht jedem angenehm. **Verwechslung:** Der seltene, giftige Riesenrötling hat **alt rosafarbene,** entferntstehende, **am Stiel ausgebuchtete Lamellen** und Mehlgeruch.

Brotpilz, Heideschleierling (*Cortinarius mucosus*)

VII bis X, in sandigen Kiefernwäldern und unter Birken, häufig. **Hut** 5–8 cm, orange- bis satt rotbraun, feucht schmierig, trocken glänzend. **Stiel** weiß, oft mit violettem, schleimigem Überzug, oben mit schleierfädiger Ringzone. **Blätter** ocker- bis rostbraun, ziemlich engstehend. **Fleisch** holzfarben. **Geschmack** angenehm-mild. **Wert:** Guter Speisepilz. **Verwechslung:** Man hüte sich vor braunen Ritterlingen, die keine schleierfädige Zone am Stiel und weiße Lamellen haben!

**

Reifpilz, Zigeuner (*Rozites caperata*)

VII bis X, häufig in sandigen Kiefernwäldern, auch in sauren Laubwäldern. **Hut** 5–12 cm, hell-, lehm- bis ockergelb, trocken, fein weißlich bereift, Rand oft runzelig. **Stiel** 6–11 cm lang, fest, heller als der Hut, mit zartem Ring. **Blätter** wie der Hut gefärbt, später dunkler braun, Schneide gekerbt. **Fleisch** blaßgelb, fest. **Geruch** und **Geschmack** angenehm. **Wert:** Guter Speisepilz. **Verwechslung:** Ähnlich gefärbte, ungenießbare Fälblinge haben **keinen Ring,** aber Rettichgeruch.

Geschmückter Gürtelfuß (*Cortinarius armillatus*)

VII bis X, an feuchten Stellen, gern unter Birken, zerstreut. **Hut** 5–12 cm, rotbraun, jung feinfilzig, später faserig-schuppig. **Stiel** 8–15 cm, schlank, unten mit keuliger Knolle, hellbraun, oben jung blaßlila, mit mehreren zinnoberroten schrägen Gürteln, faserig. **Blätter** gelb- bis zimtbraun, weitstehend. **Fleisch** blaßbräunlich, weich. **Geruch** und **Geschmack** wenig ausgeprägt, mild. **Wert:** Mischpilz. **Verwechslung:** Bei Beachtung der roten Stielgürtel unmöglich.

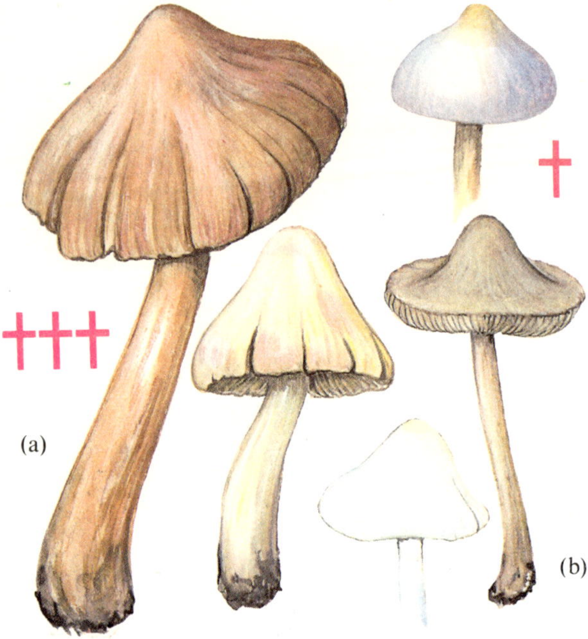

(a) **Ziegelroter Rißpilz,** Mairißpilz (*Inocybe patouillardii*)
VI und VII, in Laubwäldern und Parkanlagen, kalkliebend, **Hut** 5–8 cm, dünnfleischig, stumpfkegelig, jung weiß, dann ockerfarben, alt rötend, radialfaserig, vom Rand her gespalten. **Stiel** 5–8 cm lang, weiß, später rötend. Blätter jung blaß, zuletzt olivbraun. **Geruch** obstähnlich. **Geschmack** mild. **Sehr giftig! Verwechslung:** Junge Maipilze und Champignons sind **nicht spitzkegelig** und röten alt nicht.

(b) **Seidiger Rißpilz,** Erdblättriger Rißpilz (*Inocybe geophylla*)
VI bis X, sehr häufig. **Hut** etwa 3 cm, dünn, kegelig, später gebuckelt, weiß oder violett, seidig gefasert. **Stiel** dünn, wie der Hut gefärbt. **Blätter** zuerst blaß, später graubraun. **Fleisch** weiß, spermatisch riechend. **Giftig.**

Kahler Krempling (*Paxillus involutus*)

VI bis XI, in Wäldern, Parkanlagen, Gärten, gern unter Birken, gemein. **Hut** 6–12 cm, wenig dick, flach gewölbt. Mitte alt vertieft, Rand jung stark eingerollt, gelbbraun, olivbraun, jung feinfilzig, später kahl, feucht schmierig. **Blätter** heller als der Hut, bei Druck braun fleckend, weit am Stiel herablaufend. **Fleisch** blaßgelb, weichsaftig. **Geruch** obstartig. **Geschmack** säuerlich. **Wert:** Roh und zu kurz zubereitet **stark giftig.** Sollte ganz gemieden werden, da auch nach 25 Minuten Kochzeit nicht immer bekömmlich.

(a)

(b)

(a) **Feldtrichterling** (*Clitocybe dealbata*)
IX bis XI, auf Wiesen und an grasigen Stellen, häufig. **Hut** 2–5 cm, flach trichterförmig, weiß, Rand unregelmäßig wellig. **Stiel** ziemlich kurz, dünn, weißlich. **Blätter** etwas herablaufend, weißlich. **Geruch** unangenehm. **Geschmack** mild. **Stark giftig!**

(b) **Bleiweißer Trichterling** (*Clitocybe cerussata*)
IX bis XI, in Wäldern, gern unter Buchen, sehr gesellig. **Hut** 6–8 cm, weiß oder weißlich, Oberhaut fein bereift, wie Waschleder. **Stiel** etwa 5 cm lang, ziemlich kräftig, weiß. **Blätter** weißlich, engstehend. **Geschmack** kratzend. **Giftig.**

**

Nelkenschwindling (*Marasmius oreades*)

V bis XI, auf Wiesen, Weiden, an Wegrändern, in Hexenringen, sehr häufig. **Hut** 3–5 cm, dünn, jung glockig, später flach gewölbt, bräunlich, alt blaßocker. **Stiel** schlank, weißlich, feinfilzig, knorpelig-zäh. **Blätter** heller als der Hut, entfernt, dicklich, abgerundet angewachsen. **Fleisch** weißlich. **Geruch** würzig, nach Bittermandeln. **Geschmack** würzig, nußartig. **Wert:** Nicht besonders ergiebig, aber geschmacklich ausgezeichnet. **Verwechslung:** Man präge sich den typischen Geruch ein!

(a) **Grüngefelderter Täubling** (*Russula virescens*)
VII bis X, in Laubwäldern, zerstreut. **Hut** 8–12 cm dick, grünlich, felderig-zerrissen, trocken. **Stiel** kräftig, weiß. **Blätter** weiß, weitstehend, sprödsplitternd. **Fleisch** weiß, brüchig. **Geschmack** nußartig.

(b) **Frauentäubling** (*Russula cyanoxantha*)
Ende VI bis X, unter Buchen, häufig. **Hut** 8–15 (20) cm, grün, tiefviolett oder beide Farben gemischt, radial-rinnig, feucht schmierig. **Stiel** kräftig, weiß, fest. **Blätter** weiß, biegsam. **Fleisch** weiß, brüchig. **Geschmack** nußartig. **Wert:** Alle milden Täublinge sind gute Speisepilze. **Verwechslung:** Vorsicht bei grünen Formen (Grüner Knollenblätterpilz, 29)!

(a) **Ockertäubling** (*Russula ochroleuca*)
VIII bis XI, in Nadelwäldern, massenhaft. **Hut** 6–10 cm, hell- bis dunkelocker, matt, feucht klebrig. **Stiel** 3–6 cm lang, weiß, grauend. **Fleisch** weiß, älter grauend, fest, brüchig. **Blätter** weißlich, spröde-brüchig. **Geschmack** wenig scharf. **Wert:** Mischpilz.

(b) **Speisetäubling** (*Russula vesca*)
VI bis X, in Nadel- und Laubwäldern, häufig. **Hut** 6–10 cm, blaßrot, fleischrot, matt. **Stiel** 3–5 cm lang, weiß, fest. **Blätter** weiß, älter rostfleckig, biegsam. **Fleisch** weiß, fest, brüchig. **Geschmack** nußartig. **Wert:** Guter Speisepilz, wie alle milden Täublinge.

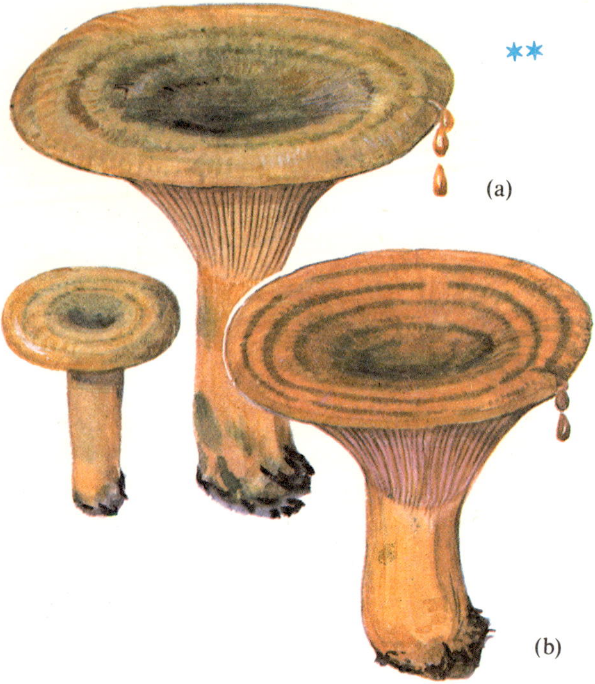

(a) **Edelreizker** (*Lactarius deliciosus*)
VIII bis XI, in Kiefernwäldern auf Sand, zerstreut. **Hut** 6–12 cm, dick, jung orangerot mit dunkleren Kreisen, später grünlich, feucht schmierig. **Stiel** gleichfarbig, 3–9 cm lang, walzig. **Blätter** starr, brüchig, herablaufend. **Fleisch** hell, fest, mit orangerotem Milchsaft. **Geschmack** mild. **Wert:** Gebraten ausgezeichnet. **Verwechslung:** Ebenso wertvoll der

(b) **Blutreizker** mit dunkel weinrotem Milchsaft, nur auf Kalk. Weniger wertvoll der häufige **Fichtenreizker,** da bitterlich. Bruchstellen orangerot, später dunkelrot werdend.

*

Brätling (*Lactarius volemus*)

VII bis X, in Nadel- und Laubwäldern, sehr zerstreut. **Hut** 6–12 cm, dick, orange- bis goldbraun, trocken, matt. **Stiel** 5–9 cm lang, zylindrisch, semmelgelb, glatt. **Blätter** hellgelb, starr, brüchig, bei Druck bräunend. **Fleisch** blaß, fest, brüchig, mit reichlichem weißen Milchsaft. **Geruch** älter nach Hering, nicht unangenehm. **Geschmack** mild. **Wert:** Nur gebraten wohlschmeckend. **Verwechslung:** Es gibt viele ähnliche, meist kleine ungenießbare Milchlinge **mit scharfem Geschmack.**

Roh †

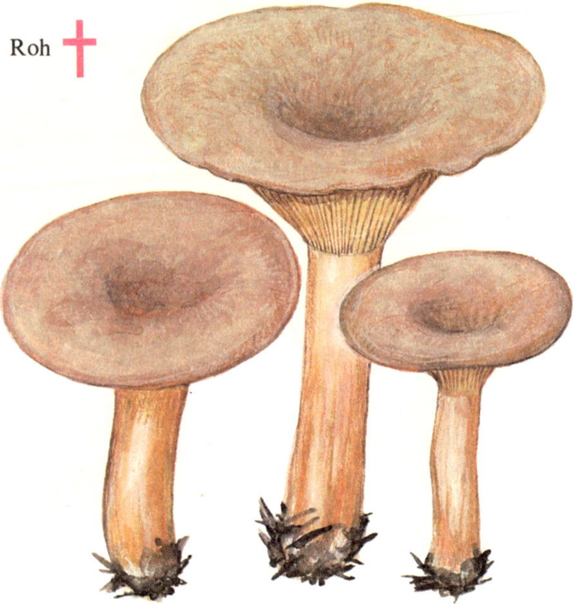

Bruchreizker (*Lactarius helvus*)

VII bis Ende X, an feuchten Stellen der Nadelwälder, zerstreut. **Hut** 6–15 cm, grauocker bis rötlichocker, feinfilzig, matt, trocken. **Stiel** 5–8 cm, heller als der Hut. **Blätter** hellocker, semmelfarben, spröde-splitternd. **Fleisch** blaß, brüchig, jung mit spärlichem, molkeartigem Milchsaft. **Geruch** trocken stark würzig-maggiartig. **Geschmack** mild. **Wert:** Nur in kleinen Mengen als Würzpilz, sonst **leicht giftig. Verwechslung:** Man lasse frische Pilze antrocknen und prüfe den Geruch.

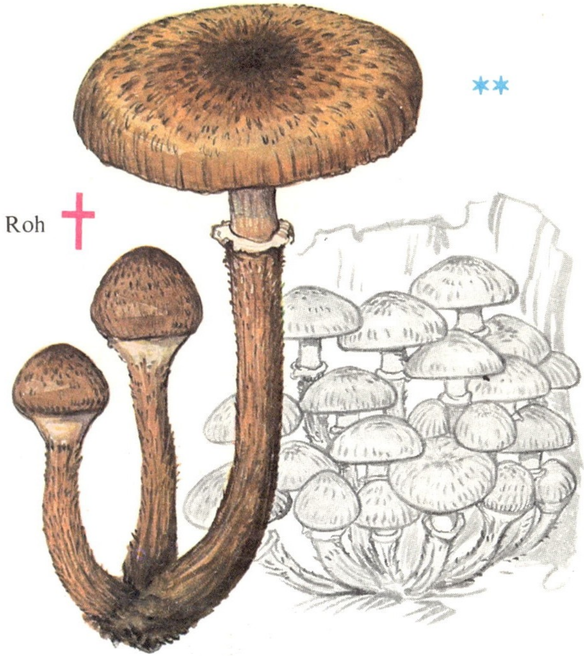

Hallimasch (*Armillariella mellea*)

IX bis XI, an und um Nadel- und Laubholzstubben, gemein. **Hut** 4–12 cm, dünn, braun, mit dunkleren Faserschüppchen. **Stiel** 5–12 cm lang, bräunlich, mit weichwolligem Ring, Basis verdickt; in dichten Büscheln. **Blätter** jung blaß, rötlich oder bräunlich, am Stiel kurz herablaufend. **Fleisch** weiß, weich. **Geschmack** laugenartig kratzend. **Wert: Roh giftig!** Als Massenpilz viel gesammelt, aber abkochen! Zähe Stiele nicht verwenden! **Verwechslung:** Der Grünblättrige Schwefelkopf hat bitteres Fleisch, der Nadelholzhäubling ist viel zarter, am Hutrand gerieft und riecht mehlartig (zerdrücken!).

***

Stockschwämmchen (*Kuehneromyces mutabilis*)

IV bis XI, büschelig an Laubholzstubben, besonders an Buchen, Linden, Birken, häufig. **Hut** 3–8 cm, dünn, ockergelb bis zimtbraun, Rand oft durchfeuchtet und dunkler. **Stiel** 5–8 cm lang, dünn, mit zartem Ring, unten dunkelbraun-schuppig. **Blätter** braun, eng, dünn. **Fleisch** blaßbraun, weich. **Geruch** und **Geschmack** gut, aromatisch. **Wert:** Ausgezeichneter, beliebter Speisepilz. **Verwechslung:** Der Grünblättrige Schwefelkopf hat bitteres Fleisch.

**

Rauchblättriger Schwefelkopf (*Hypholoma capnoides*)

IX bis IV, büschelig an Nadelholzstubben, häufig. **Hut** 3–8 cm, dünn, gelbbraun, matt, trocken. **Stiel** büschelig mit anderen verwachsen, oben weißlich, unten braun, faserig. **Blätter** hellgrau, aschgrau, violettgrau. **Fleisch** gelblich-weiß. **Geruch** angenehm. **Geschmack** mild. **Wert:** Recht guter Speisepilz. **Verwechslung:** Der Grünblättrige Schwefelkopf ist bitter.

***

Schopftintling, Spargelpilz (*Coprinus comatus*)

V bis X, truppweise auf Rasenflächen und Schuttplätzen, häufig. **Hut** 6–12 cm hoch, elliptisch, walzenförmig, weiß, am Scheitel bräunend, faserig-schuppig. **Stiel** 6–12 cm lang, schlank, weiß, glatt, mit verschiebbarem Ring. **Blätter** dicht, weiß, bald rosa, zuletzt schwarz zerfließend. **Fleisch** weiß, zart. **Wert:** Sehr schmackhaft, aber sofort zubereiten. **Verwechslung:** Es gibt keine ähnlichen Giftpilze. Zu glatthütigen **Knotentintlingen** keinen Alkohol genießen!

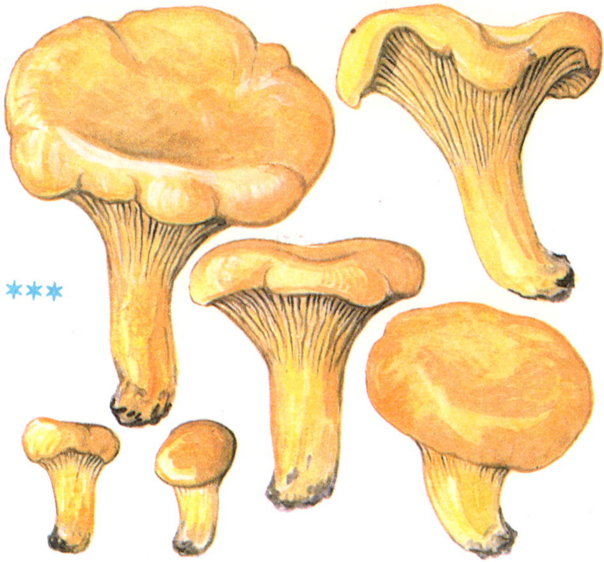

Pfifferling (*Cantharellus cibarius*)

VI bis X, in Nadelwäldern, besonders Kiefernforsten, seltener im Laubwald, häufig. **Hut** bis 6 cm, jung kugelig, später trichterförmig, Rand wellig, stroh- bis dottergelb, glatt, trocken. **Stiel** gleichfarbig, 1–6 cm lang, oben verdickt. **Leisten** statt Blätter, dicklich, gegabelt, weit herablaufend. **Fleisch** blaßgelb, fest. Geruch nach Aprikosen. **Geschmack** leicht pfefferig. **Wert:** Gesuchter Speisepilz. **Verwechslung:** Der dünnfleischige Falsche Pfifferling ist nicht giftig.

Herbsttrompete (*Craterellus cornucopioides*)
VIII bis XI, in Eichen-Hainbuchen- und Buchenwäldern, herdenweise. **Fruchtkörper** 6–12 cm hoch, keulig-röhrig, oben trichterförmig erweitert, wellig, grau- bis schwärzlichbraun, innen feinschuppig, außen zartrunzelig. **Fleisch** sehr dünn, jung weich, alt zäh. **Geruch** schwachwürzig. **Geschmack** mild. **Wert:** Guter Würz- und Suppenpilz. **Verwechslung:** Ähnliche Trompetenpfifferlinge sind ebenfalls eßbar.

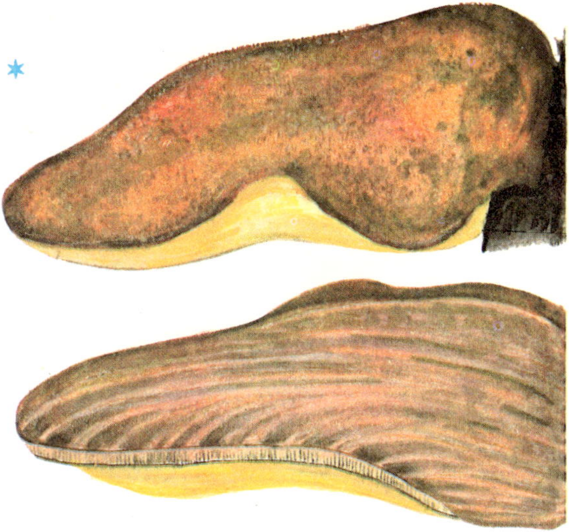

Leberpilz (*Fistulina hepatica*)

VIII bis X, an alten Eichen und deren Stubben, sehr zerstreut. **Fruchtkörper** bis 30 cm lang und 20 cm breit, dick, zungenförmig, oft leberartig gelappt, hinten stielartig rund-zusammengezogen, jung orange-rötlich, später leberbraun, feucht schmierig. **Röhren** rund, engstehend, zuerst blaßgelb, dann hellrötlich. **Fleisch** blaßrot mit blutrotem Saft, marmoriert, strahlig-faserig. **Geruch** obstartig. **Geschmack** säuerlich. **Wert:** Erst wässern, dann braten oder als Salat in Gewürzessig servieren. **Verwechslung:** Ähnlich aussehende Porlinge an Bäumen sind zäh und ungenießbar.

Semmelporling (*Albatrellus confluens*)

VII bis X, in sandigen Kiefernwäldern, stellenweise häufig. **Hut** 5–20 cm, sehr dick, unregelmäßig, oft mehrere verwachsen, semmel- bis rötlichgelb, trocken, glatt. **Stiele** kurz und dick, unregelmäßig, weißlich, oft mehrere verwachsen. **Röhren** weißlich, kurz, am Stiel herablaufend. **Poren** klein. **Fleisch** weiß, jung fest, zart, älter derb. **Geruch** angenehm. **Geschmack** angenehm-bitterlich, älter bitter. **Wert:** Nur jung sammeln. **Verwechslung:** Der sehr ähnliche Semmelstoppelpilz (64) hat unter dem Hut feine Stacheln.

Schafeuter (*Albatrellus ovinus*)

VII bis X, in sandigen Kiefernwäldern und in Gebirgsfichtenwäldern, seltener. **Hut** 6–12 cm, sehr dick, meist unregelmäßig mit anderen Hüten verwachsen, weißlich, graugelblich, älter felderig-rissig, trocken. **Stiel** kurz und dick, weiß. **Röhren** weiß, später blaßgelb, kurz, am Stiel herablaufend. **Poren** sehr klein. **Fleisch** weiß, fest, brüchig. **Geruch** und **Geschmack** angenehm, alt bitterlich. **Wert:** Nur jung sammeln. **Verwechslung:** Siehe den anders gefärbten Semmelporling (62).

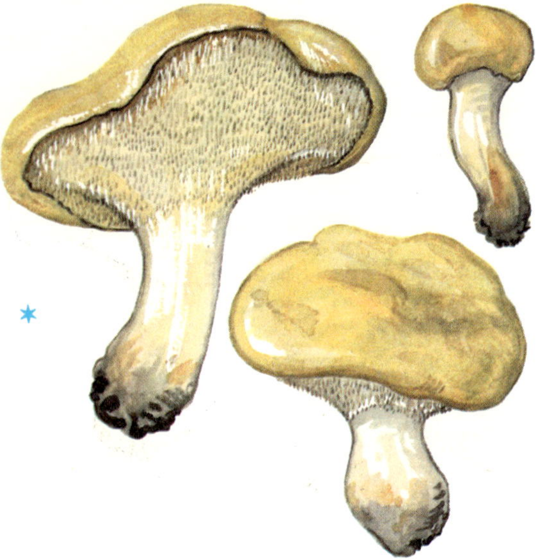

Semmelstoppelpilz (*Hydnum repandum*)

VIII bis XI, in Nadel- und Laubwäldern, häufig. **Hut** 3–12 cm, ziemlich dick, semmel- bis rötlichgelb, unregelmäßig verbogen, trocken. **Stiel** kurz und kräftig, heller als der Hut. **Stacheln** blaßgelb, dichtstehend, kurz, brüchig. **Fleisch** weißlich, brüchig. **Geruch** gering, würzig. **Geschmack** etwas pfefferig, älter bitterlich. **Wert:** Jung eßbar. **Verwechslung:** Der eßbare Semmelporling (62) hat Poren, der eßbare Pfifferling (59) Leisten unter dem Hut.

Habichtspilz (*Sarcodon imbricatus*)

VIII bis XI, in sandigen Kiefernwäldern, häufig. **Hut** 8–20 cm, dick, dunkelbraun, mit groben, sparrigen Schuppen. **Stiel** kurz und derb, hellbraun. **Stacheln** jung weißlich, später graubraun, brüchig. **Fleisch** jung weißlich, dann graubräunlich, derb. **Geruch** würzig. **Geschmack** alt bitterlich. **Wert:** Nur jung verwenden. **Verwechslung:** Es gibt ähnliche, bittere Arten. Geschmacksprobe durchführen.

Flaschenstäubling (*Lycoperdon perlatum*)

VII bis X, in Laub- und Nadelwäldern. **Fruchtkörper** 3–8 cm hoch, kopfig-gestielt, birnenförmig, mit kegeligen, leicht abwischbaren Stacheln besetzt, weiß. **Unterer Teil** stielartig verschmälert, körnig. **Fleisch** weiß, brüchig, bald weich und gelb, später oliv werdend. **Fruchtkörper** zuletzt trocken, mit einer Öffnung, stäubend. **Wert:** Eßbar, solange innen weiß und fest, wie alle Stäublinge. **Verwechslung:** Giftige Kartoffelboviste sind **außen gelbbraun schuppig, innen** später **violettschwarz.** Junge Knollenblätterpilze (29) sind **nicht stachelig.**

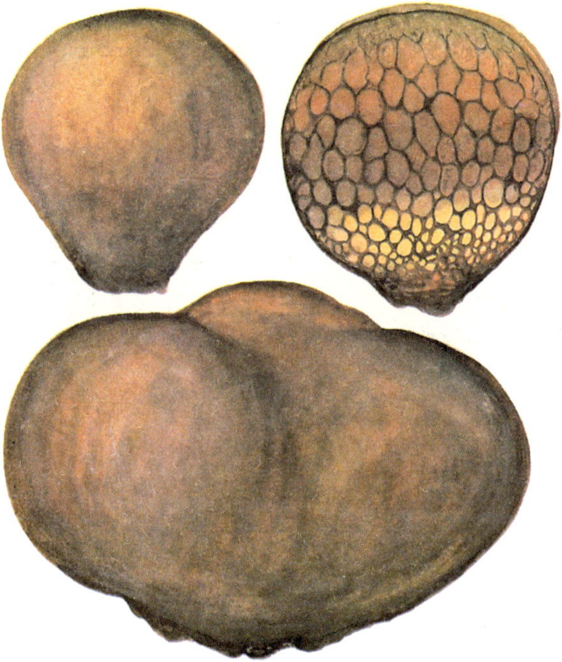

Erbsenstreuling (*Pisolithus arhizus*)

V bis IX, auf Halden, Kippen, sandigen Waldwegen, mancherorts häufig. **Fruchtkörper** 6–12 cm, rund oder birnenförmig, stielartig zusammengezogen, gelbbraun bis schmutzig-rotbraun, trocken, glatt. **Fleisch** mit hellgelben, erbsengroßen, eckigen Gebilden, die später zu braunem Pulver zerfallen. **Geruch** würzig. **Geschmack** kräftig-würzig. **Wert:** Nur als Würzpilz. **Verwechslung:** Der giftige Kartoffelbovist hat weißes, später violettschwarzes Fleisch.

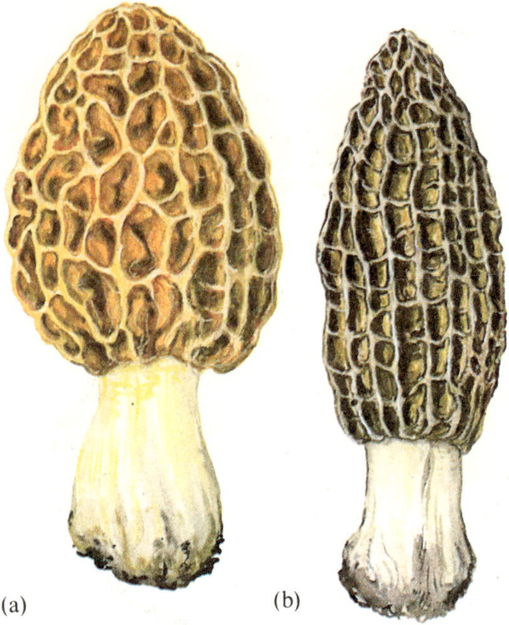

***

(a) (b)

(a) **Speisemorchel** (*Morchella esculenta*)
Ende IV bis V, in Laubwäldern, Parks, Gärten, häufig. **Hut** 4–10 cm hoch, eiförmig, rundlich, grubig-zellig, jung grau, dann bräunlich bis hellocker, hohl. **Stiel** 3–8 cm, hohl, kleiig. **Fleisch** brüchig. **Geruch** angenehm. **Geschmack** gut. **Wert:** Schwer verdaulich, schmackhaft.

(b) **Spitzmorchel** (*Morchella conica*)
Ende III bis IV, in Laub- und Nadelwäldern, Parkanlagen, an Wegrändern, zerstreut. **Hut** 4–8 cm hoch, kegelig, länglich wabenartig-zellig. **Stiel** bis 8 cm lang, hohl. **Fleisch** brüchig. **Geruch** erdig. **Geschmack** fad. **Verwechslung:** Giftige Lorcheln haben einen unregelmäßig wulstigen Hut (69).

††

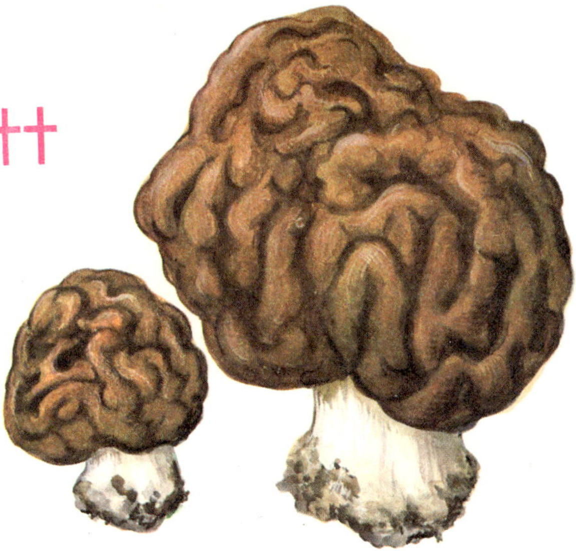

Frühlingslorchel (*Gyromitra esculenta*)

Mitte III bis Mitte V, in sandigen Kiefernwäldern, gern in Jungholz und Schonungen, häufig. **Hut** 3–13 cm groß, unregelmäßig, gekröseartig wulstig gewunden, hellrotbraun bis dunkelbraun, innen gekammert, hohl, verwachsen mit dem kurzen, grubigen, weißlichen Stiel. **Fleisch** brüchig. **Geruch** gut. **Geschmack** angenehm würzig, stark giftig! **Verwechslung:** Eßbare Morcheln haben grubigzelligen Hut (68).

Krause Glucke (*Sparassis crispa*)

VIII bis X, in Kiefernwäldern, zerstreut. **Fruchtkörper** badeschwammähnlich, bis 30 cm Durchmesser, jung blaßocker, später bräunlich. **Strunk** aus Kiefernstubben oder -wurzeln wachsend. **Fleisch** weißlich. **Geruch** würzig. **Geschmack** nußartig, ältere Teile leicht bitterlich. **Wert:** Jung gesuchter Speisepilz. **Verwechslung:** Es gibt keine ähnliche Art.

Register

Literatur

Bickerich-Stoll, K. (1977, 1978): Heimische Pilze. Urania Taschenbücher. 2 Bde. 7., 3. Aufl. Leipzig

Engel, F. (1978): Pilzwanderungen. Eine Pilzkunde für jedermann. 18. Aufl. Wittenberg Lutherstadt

Gröger, F. (1978): Pilze und Wildfrüchte – selbst gesammelt und zubereitet. 2. Aufl. Leipzig.

Hennig, B. (1975): Taschenbuch für Pilzfreunde. 6. Aufl. Jena

Michael, E., B. **Hennig,** u. H. **Kreisel** (1957–1978): Handbuch für Pilzfreunde. 6 Bde. 1.–3. Aufl. ebd.